Attention, travaux !

Françoise Bobe • Mérel

Nathan

Rachid le timide

Mélanie la chipie

Pacha le chat

Pascale la géniale

Arthur le gros dur

ES-tu prêt pour une nouvelle aventure ? Eh bien, commençons !

Ah, j'y pense ! les mots suivis d'un ☀ sont expliqués à la fin de l'histoire.

Les enfants et Gafi se dirigent
vers la rue du Moulin. Ils vont
jouer au parc de la Fontaine.
Pacha le chat bondit de joie.
Il aime gambader dans ce parc.

Arthur est surpris :

– Que se passe-t-il ? Je ne reconnais plus la rue. Il y a de gros engins, une grue, des trous partout...

Pascale lit sur un grand panneau :

ATTENTION
TRAVAUX

Attention, travaux !

Les voitures ne peuvent plus circuler,
mais une passerelle permet
aux piétons de traverser.
Rachid se bouche les oreilles :
– Ces engins font un bruit
épouvantable !
– Quel vacarme ! crie Mélanie.

Pourront-ils aller
jouer au parc ?

Gafi aide ses amis à s'éloigner
rapidement.
– Merci, gentil fantôme ! disent
ensemble les enfants.

Soudain, une dame aux cheveux
blancs surgit, affolée. Elle appelle :
– Kiloé… Kiloé !

– Vous cherchez quelqu'un ?
demande Pascale.

– Mon perroquet s'est échappé !
Avec le bruit des travaux, il ne sait
plus où se cacher... Il s'est sauvé
par la fenêtre.

Arthur s'avance vers la dame :

– Si vous voulez, nous pouvons vous aider à le chercher.

– Oh, c'est très gentil à vous ! dit-elle. Il a des plumes bleues, mon Kiloé.

Arthur propose un plan :

– Rachid et Mélanie, vous irez par ici.

Pascale et moi, nous irons par là.

– Et moi, je surveille la fenêtre

et l'entrée de la maison, dit la dame.

Chacun de leur côté, les enfants
appellent :

– Kiloé... Kiloé...

– Mais, que fais-tu là, toi ? crie
Mélanie. Pacha, reviens ici !

Avec toutes ces machines, le casque
est obligatoire...

Rachid rit. Et le chat revient
vers eux en courant.

– Kiloé... Kiloé...

Les enfants ne voient pas
le perroquet.

Bientôt, tous les engins se taisent.

La vieille dame tremble un peu :

– Mon Kiloé... J'espère qu'il ne lui est
rien arrivé.

Attention, travaux !

Pascale affirme que Kiloé est allé se réfugier dans le parc.

Arthur lève la tête :

– Regardons encore ici. Il est peut-être sur un balcon...

Tout à coup, Mélanie pointe le doigt vers la grue :

– Regardez, là-haut !

Qu'y a-t-il là-haut, dans la grue ?

Dans la cabine de la grue,
un perroquet donne des coups
d'ailes derrière la vitre.

La dame sourit :

– Oui, c'est bien mon Kiloé !

Gafi s'élance. Il aide l'oiseau à sortir de la cabine.

Attention, travaux !

Le perroquet libéré vole au-dessus
des toits. Puis soudain, il se dirige
droit vers la maison.

La dame s'exclame :

– Mon Kiloé est rentré ! Merci...
merci les enfants. Venez, vous méritez
un bon goûter. Mais d'abord, je vais
fermer la fenêtre.

Rachid dit tout bas :

– Allons-y doucement. Il ne faut pas lui faire peur.

– Tu crois qu'il sait parler, ce perroquet ? chuchote Mélanie.

Aussitôt, une voix d'oiseau répond :

– Bien sûr que ouiii ! Merci les amis !

c'est fini !

Certains mots sont peut-être difficiles à comprendre. Je vais t'aider !

Gambader : courir dans tous les sens en faisant de petits sauts. Pacha adore cela !

Des engins : ici, ce sont de grosses machines pour les travaux (comme les grues).

Affirme : Pascale dit qu'elle est sûre que le perroquet est allé se cacher dans le parc.

AS-tu aimé mon histoire ? Jouons ensemble, maintenant !

Que se passe-t-il ?

Amuse-toi à remettre l'histoire dans l'ordre.

a

b

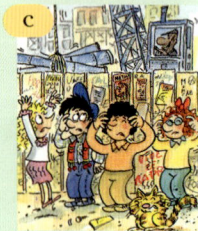
c

d

e

f

g

Réponse : le bon ordre de l'histoire est c, e, a, f, b, g, d.

Labyrinthe

Gafi est près de la grue. Par quel chemin est-il passé ?

On ne comprend rien !

Pour découvrir le message, remplace les chiffres par les bonnes voyelles :

1 = e ; 2 = 0 ; 3 = a ; 4 = r ;
5 = l ; 6 = i

K652é, 51 p1442qu1t,

1st 1nf14mé

d3ns 53 c3b6n1 d1 53 g4u1.

G3f6 v3 51 dé56v414.

Les jumeaux

**Deux casques de travaux sont identiques.
Peux-tu les retrouver ?**

Dans la même collection
Illustrée par Mérel

Directeur de collection et conseil pédagogique :
Alain Bentolila

© Éditions Nathan (Paris-France), 2005
Conforme à la loi n°49956 du 16 juillet 1949
sur les publications destinées à la jeunesse
ISBN 209250709-5
N° éditeur : 10120814 - Dépôt légal : avril 2005
imprimé en Italie par STIGE